Urs Böhringer

Unbestimmtheit als Grundlage des Goldenen Schnittes

Urs Böhringer

Unbestimmtheit als Grundlage des Goldenen Schnittes

GRIN Verlag

Bibliografische Information der Deutschen Nationalbibliothek: Die Deutsche Bibliothek
verzeichnet diese Publikation in der Deutschen Nationalbibliografie; detaillierte bibliografische Daten sind im Internet über http://dnb.d-nb.de/ abrufbar.

1. Auflage 2011
Copyright © 2011 GRIN Verlag
http://www.grin.com/
Druck und Bindung: Books on Demand GmbH, Norderstedt Germany
ISBN 978-3-640-84302-2

Unbestimmtheit

als Grundlage des Goldenen Schnittes

von
Urs Böhringer

Inhaltsübersicht

Einleitung

Der Goldene Schnitt, wie er in Kunst und Natur erscheint, wird vielfach als Ausdruck einer verborgenen göttlichen Ordnung, als verborgen waltendes göttliches Gesetz gedeutet.

Hier soll nun dieser besondere Charakter des Goldenen Schnittes aus dem Wesen der Mathematik selbst heraus transparent gemacht werden.

Dies wird auf der Basis einer Neuinterpretation der Satzgruppe des Pythagoras möglich, indem diese in Bezug zu mathematisch-operativer Unbestimmtheit gestellt wird.

Auf Unbestimmtheit kann, wenn überhaupt, eigentlich nur indirekt aus der Nicht-Verschiedenheit von als verschieden Bestimmtem verwiesen werden.
So kann jede mathematische Gleichung (a=b), z.B. in der Physik, als spezifischer Verweis auf Unbestimmtheit gesehen werden, indem ein als verschieden Bestimmtes, a;b, als identisch ausgewiesen, und so in seiner Bestimmtheit wieder aufgehoben wird.

Wir gehen hier jedoch noch einen Schritt weiter und interpretieren Unbestimmtheit, in rein mathematischem Sinne, als Nicht-Verschiedenheit mathematischer Grundoperationen.

Unbestimmtheit erscheint uns so unter zwei komplementären, sich dennoch aber gerade auch gegenseitig fordernden, Modi, als arithmetische wie auch als geometrische Unbestimmtheit.
Der Goldene Schnitt wird so als konstruierte Synthese dieser zwei mathematischen „Erscheinungsformen" von Unbestimmtheit verstehbar.

Hier stellen sich aber einige Fragen:

- *Ist vielleicht jede Bestimmung von Verschiedenheit letztlich eine Fiktion, ein leeres Konstrukt?*

- *Zielt aber nicht jegliche Form von Bestimmung überhaupt auf Verschiedenheit oder setzt diese zumindest voraus?*

- *Müsste dies dann aber nicht erst recht und ganz besonders für jegliche Art von Bestimmungsversuchen der Unbestimmtheit gelten, insbesondere also auch für Bestimmungen des Unbestimmten als Nicht-Verschiedenheit, als Nicht-Bestimmtes?*

- *Was aber ist dann überhaupt Unbestimmtheit?*

Für dasjenige, das nicht selbst unbestimmbar ist, ist sie einfach nur das Nicht-Bestimmbare.

1. Mathematische Unbestimmtheit

1.1. Neuinterpretation der Satzgruppe des Pythagoras

Wir unterscheiden rein mathematisch zwei variable Grössen, (Lm) und (Mm), und eine konstante Grösse (C_0), und setzen folgende quantitativen Bezüge:

Satz A) $Lm \cdot \left[C_0^2 / Lm \right] = C_0^2$ $Mm \cdot \left[C_0^2 / Mm \right] = C_0^2$

im Hinblick auf die geometrische Interpretation :

$$Lm \cdot [Y] = C_0^2 \qquad Mm \cdot [Z] = C_0^2$$

$$\left(Lm / [Y] = \frac{Lm^2}{C_0^2} = \cos^2 \alpha \right) \qquad \left(Mm / [Z] = \frac{Mm^2}{C_0^2} = \sin^2 \alpha \right)$$

Satz B) $Lm \cdot \left[Mm^2 / Lm \right] = Mm^2$ $Mm \cdot \left[Lm^2 / Mm \right] = Lm^2$

im Hinblick auf die geometrische Interpretation :

$$Lm \cdot [x] = Mm^2 \qquad Mm \cdot [w] = Lm^2$$

$$\left(Lm / [x] = \frac{Lm^2}{Mm^2} = \cot^2 \alpha \right) \qquad \left(Mm / [w] = \frac{Mm^2}{Lm^2} = \tan^2 \alpha \right)$$

Satz C) $Lm + \left[C_0^2 / Lm - Lm \right] = \frac{C_0^2}{Lm}$ $Mm + \left[C_0^2 / Mm - Mm \right] = \frac{C_0^2}{Mm}$

im Hinblick auf die geometrische Interpretation :

$$Lm + [x] = Y \qquad Mm + [w] = Z$$

Aus Satz A) und B) ergibt sich:

$$\frac{[Y]}{[x]} = \frac{Lm \cdot [Y]}{Lm \cdot [x]} = \frac{C_0^{\,2}}{Mm^2} \qquad\qquad \frac{[Z]}{[w]} = \frac{Mm \cdot [Z]}{Mm \cdot [w]} = \frac{C_0^{\,2}}{Lm^2}$$

$$\frac{[Y]}{[x]} \Big/ \frac{\dfrac{C_0^{\,2}}{Mm^2}}{\dfrac{C_0^{\,2}}{Lm^2}} = \frac{[Z]}{[w]} = Lm^2 \Big/ Mm^2 = \cot^2\alpha; \qquad \frac{[Z]}{[w]} \Big/ \frac{\dfrac{C_0^{\,2}}{Lm^2}}{\dfrac{C_0^{\,2}}{Mm^2}} = \frac{[Y]}{[x]} = Mm^2 \Big/ Lm^2 = \tan^2\alpha$$

$$\cot^2\alpha \quad \cdot \quad \tan^2\alpha \quad = \quad 1:$$

$$\frac{Lm^2}{Mm^2} \quad \cdot \quad \frac{Mm^2}{Lm^2} \quad = \quad 1$$

$$= \left(\frac{Y \cdot w}{Z \cdot x}\right) \quad \cdot \quad \left(\frac{Z \cdot x}{Y \cdot w}\right) \quad = \quad 1$$

$$\rightarrow \left(\frac{Y \cdot x}{x \cdot Y}\right) \quad \cdot \quad \left(\frac{Z \cdot w}{w \cdot Z}\right) \quad = \quad 1$$

$$1 \quad \cdot \quad 1 \quad = \quad 1$$

$$\rightarrow \quad 1.) \quad \left(Y \big/ x\right) \cdot \left[1 \Big/ \frac{Y}{x}\right] = 1 \qquad\qquad 2.) \quad \left(Z \big/ w\right) \cdot \left[1 \Big/ \frac{Z}{w}\right] = 1$$

Weiter ergibt sich aus Satz A), B) und C):

$$-\frac{[x]}{[Y]} = \frac{Mm^2 \big/ Lm}{C_0^{\,2} \big/ Lm} = \frac{Mm^2}{C_o^{\,2}}$$

$$-\frac{[x]}{[Y]} = \frac{[Y] - Lm}{C_0^{\,2} \big/ Lm} = \frac{Lm \cdot \left([Y] - Lm\right)}{C_0^{\,2}}$$

$$= \frac{Lm \cdot \left(\dfrac{\left[C_0^{\,2}\right]}{Lm} - Lm\right)}{C_0^{\,2}} = 1 - \frac{Lm^2}{C_0^{\,2}}$$

$$-\frac{[w]}{[Z]} = \frac{Lm^2 \big/ Mm}{C_0^{\,2} \big/ Mm} = \frac{Lm^2}{C_o^{\,2}}$$

$$-\frac{[w]}{[Z]} = \frac{[Z] - Mm}{C_0^{\,2} \big/ Mm} = \frac{Mm \cdot \left([Z] - Mm\right)}{C_0^{\,2}}$$

$$= \frac{Mm \cdot \left(\dfrac{\left[C_0^{\,2}\right]}{Mm} - Mm\right)}{C_0^{\,2}} = 1 - \frac{Mm^2}{C_0^{\,2}}$$

$$\rightarrow \left(\frac{Lm^2}{C_0{}^2}\right) + \left[1 - \frac{Lm^2}{C_0{}^2}\right] = 1 \qquad\qquad \left(\frac{Mm^2}{C_0{}^2}\right) + \left[1 - \frac{Mm^2}{C_0{}^2}\right] = 1$$

$$= \left(\frac{w}{Z}\right) + \left[1 - \frac{w}{Z}\right] = 1 \qquad\qquad = \left(\frac{x}{Y}\right) + \left[1 - \frac{x}{Y}\right] = 1$$

$$\cos^2\alpha \quad + \quad \sin^2\alpha \quad = 1:$$

$$= \left(\frac{Lm^2}{C_0{}^2}\right) \quad + \quad \left(\frac{Mm^2}{C_0{}^2}\right) = 1$$

$$3.) \quad = \quad \left(\frac{w}{Z}\right) \quad + \quad \left(\frac{x}{Y}\right) = 1$$

$$= \left(\frac{Y\cdot w}{Y\cdot Z}\right) \quad + \quad \left(\frac{Z\cdot x}{Z\cdot Y}\right) = 1$$

1.2. Mathematische Unbestimmtheit hinsichtlich der Grundoperationen (=arithmetische Unbestimmtheit)

Im folgenden synthetisieren wir die Gleichungen 1), 2) und 3):

$$\left(\frac{\dfrac{Y}{x}}{\dfrac{Y}{x}}\right) \cdot \frac{w}{Z} \quad + \quad \left(\frac{\dfrac{Z}{w}}{\dfrac{Z}{w}}\right) \cdot \frac{x}{Y} \quad = 1$$

$$\frac{\dfrac{Y}{x}}{\dfrac{Y}{x}\cdot\dfrac{Z}{w}} \quad + \quad \frac{\dfrac{Z}{w}}{\dfrac{Z}{w}\cdot\dfrac{Y}{x}} \quad = 1$$

Operative Unbestimmtheit hinsichtlich Addition und Multiplikation :

$$\rightarrow \quad \frac{Y}{x} \quad + \quad \frac{Z}{w} \quad = \quad \frac{Y}{x} \quad \cdot \quad \frac{Z}{w}$$

$$= \quad \left(\frac{Z\cdot Y}{Z\cdot x}\right) + \left(\frac{Y\cdot Z}{Y\cdot w}\right) \quad = \quad \left(\frac{Y\cdot Z}{x\cdot w}\right)$$

1.3. Darstellung der Satzgruppe des Pythagoras

1.3.1. Geometrische Interpretation von Satz A, B und C:

Satz A: $Lm (x) Y (= R. AC'EF) = Mm(x) Z (= R. BGHC'') = c_0^2 (= Q. ABPQ)$

Satz:B: $Lm (x) x (= R. CC'EL) = Mm^2 (= Q. BGKC)$ resp. $Mm (x) w (= R. CKHC''')$
$= Lm^2 (= Q. ACLF)$

Satz C: $Lm^2 (=Q. ACLF= R. CKHC'') + Mm^2 (= Q. BGKC=R. CC'EL) = c_0^2 (= ABPQ)$

Geometrisch führt insbesondere Satz A und B zu Satz C, aber auch Satz A und C zu Satz B und Satz B und C zu Satz A

Figur 1

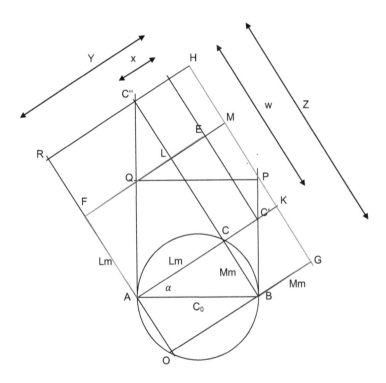

Satz A → Kathetensatz: Dreieck ABC': Fläche (=F.). c_0^2 (=Kathetenquadrat) = F. Rechteck AC'EF
„ ABC'' „ „ = „ BGHC''

Satz B → Höhensatz: Dreieck ABC'': F. Lm^2 (=Höhenquadrat) = F. Rechteck CKHC''
„ ABC' F. Mm^2 „ = „ CC'EL

Satz C →"Pythagoras": $((Lm+Mm)^2(=F. OGMF)= Lm^2(=F.ACLF)+Mm^2(=F. BGKC)+2LmMm(=F. AOBC+CKML))$
$- (4 x LmMm/2(=F. AOB+BGP+QPM+AQF)) = c_0^2(=F. ABPQ)= Lm^2+Mm^2+2LmMm -2LmMm$
$= Lm^2+Mm^2$

weiter ergibt sich aus unseren Grundlagen:

1.) $\dfrac{x}{Y} = \dfrac{Mm}{Z} \rightarrow Z \cdot x = Mm \cdot Y$ $\qquad \dfrac{w}{Z} = \dfrac{Lm}{Y} \rightarrow Y \cdot w = Lm \cdot Z$

2.) $Lm + x = Y$ $\qquad\qquad\qquad Mm + w = Z$

$$\tan\alpha: \qquad \cot\alpha: \qquad\qquad\qquad 1.\,\text{Strahlensatz}:$$

$$\rightarrow \left(\frac{Z\cdot x}{Mm\cdot Y}\right)\cdot\left(\frac{Y\cdot w}{Lm\cdot Z}\right) = \left(\frac{Z\cdot x}{Z\cdot Mm}\right)\cdot\left(\frac{Y\cdot w}{Y\cdot Lm}\right) = \frac{x\cdot w}{Mm\cdot Lm} = 1 \rightarrow \frac{Lm}{x} = \frac{w}{Mm}$$

$$\rightarrow (Lm + x)Z = (Mm + w)Y = Y\cdot Z \rightarrow (Lm\cdot Z) + (Z\cdot x) = (Mm\cdot Y) + (Y\cdot w) = (Y\cdot Z)$$

$$\rightarrow (Y\cdot w) + (Z\cdot x) = (Mm\cdot Y) + (Lm\cdot Z) = (Y\cdot Z)$$

$$\text{also insbesondere}: \quad \sin^2\alpha: \quad \tan\alpha: \quad \cos^2\alpha: \quad \cot\alpha:$$

$$\frac{Z\cdot x}{Z\cdot Y}; \quad \frac{Z\cdot x}{C_0^2}; \quad \frac{Y\cdot w}{Y\cdot Z}; \quad \frac{Y\cdot w}{C_0^2}$$

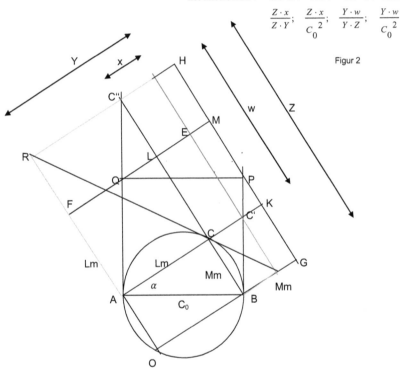

Figur 2

es gilt :

$$\frac{1}{Z\cdot x} + \frac{1}{Y\cdot w} = \frac{1}{x\cdot w} = \frac{1}{Mm}\cdot\frac{1}{Lm}$$

$$\rightarrow \frac{YZ}{Z\cdot x} + \frac{YZ}{Y\cdot w} = \frac{YZ}{x\cdot w} = \frac{Z}{Mm}\cdot\frac{Y}{Lm}; \quad \rightarrow \frac{C_0^2}{Z\cdot x} + \frac{C_0^2}{Y\cdot w} = \frac{C_0^2}{x\cdot w} = \frac{C_0}{Mm}\cdot\frac{C_0}{Lm}$$

$$= \frac{1}{\sin^2\alpha} + \frac{1}{\cos^2\alpha} = \left(\frac{YZ}{C_0^2}\right)^2 = \frac{1}{\sin^2\alpha}\cdot\frac{1}{\cos^2\alpha}; \quad = \frac{1}{\tan\alpha} + \frac{1}{\cot\alpha} = \frac{YZ}{C_0^2} = \frac{1}{\sin\alpha}\cdot\frac{1}{\cos\alpha}$$

$$= \frac{C_0^2}{Mm^2} + \frac{C_0^2}{Lm^2} = \left(\frac{C_0^2}{Mm\cdot Lm}\right)^2 = \frac{C_0^2}{Mm^2}\cdot\frac{C_0^2}{Lm^2}; \quad = \frac{Lm}{Mm} + \frac{Mm}{Lm} = \frac{Y}{Mm}\cdot\frac{C_0^2}{Mm\cdot Lm} = \frac{Z}{Lm} = \sqrt{\frac{Y}{x}}\cdot\sqrt{\frac{Z}{w}}$$

Weiter ergibt sich aus 1.) und 2.):

a) $\dfrac{Z \cdot x}{Mm \cdot Y} = 1 \to \dfrac{Z}{Y} = \dfrac{Mm}{x} = \dfrac{Lm}{Mm} = \cot\alpha$; $\dfrac{x}{Y} = \dfrac{Mm}{Z} = \sin^2\alpha$ b) $\dfrac{Y \cdot w}{Lm \cdot Z} = 1 \to \dfrac{Y}{Z} = \dfrac{Lm}{w} = \dfrac{Mm}{Lm} = \tan\alpha$; $\dfrac{w}{Z} = \dfrac{Lm}{Y} = \cos^2\alpha$

$\to u.a.\ \dfrac{Z \cdot x}{Z \cdot Mm} = \dfrac{w \cdot x}{w \cdot Mm} = \dfrac{Lm \cdot x}{Lm \cdot Mm} = \dfrac{Mm \cdot x}{Mm^2} = \dfrac{Lm \cdot Y}{Lm \cdot Z} = \dfrac{Mm \cdot Y}{Mm \cdot Z} = \dfrac{Y \cdot Lm}{Y \cdot w} = \dfrac{x \cdot Lm}{x \cdot w} = \dfrac{Lm^2}{Lm \cdot w} = \dfrac{Mm \cdot Lm}{Mm \cdot w} = \tan\alpha$

$\to u.a.\ \dfrac{Z \cdot x}{Z \cdot Y} = \dfrac{w \cdot x}{w \cdot Y} = \dfrac{Lm \cdot x}{Lm \cdot Y} = \dfrac{Mm \cdot x}{Mm \cdot Y} = \dfrac{Y \cdot Mm}{Y \cdot Z}$ $\to u.a.\ \dfrac{Y \cdot w}{Y \cdot Z} = \dfrac{Lm \cdot w}{Lm \cdot Z} = \dfrac{Mm \cdot w}{Mm \cdot Z} = \dfrac{x \cdot w}{x \cdot Z} = \dfrac{Z \cdot Lm}{Z \cdot Y}$

$= \dfrac{x \cdot Mm}{x \cdot Z} = \dfrac{Lm \cdot Mm}{Lm \cdot Z} = \dfrac{Mm^2}{Mm \cdot Z} = \dfrac{Mm^2}{C_0^2} = \sin^2\alpha$ $= \dfrac{w \cdot Lm}{w \cdot Y} = \dfrac{Mm \cdot Lm}{Mm \cdot Y} = \dfrac{Lm^2}{Lm \cdot Y} = \dfrac{Lm^2}{C_0^2} = \cos^2\alpha$

Figur 3

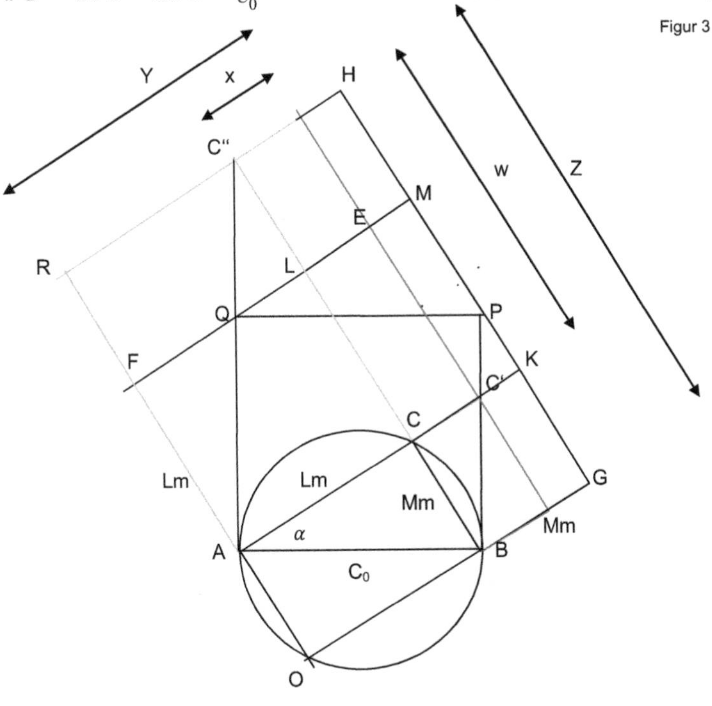

$$(Y \cdot Z) \cdot (w \cdot x) = (Y \cdot w) \cdot (Z \cdot x) = C_0^{\,4}$$

$$Lm \cdot x = Mm^2 \ ; \quad (Lm \cdot w) \cdot (x \cdot w) = (Mm \cdot w)^2 = Lm^4$$

$$\underline{Mm \cdot w} = Lm^2 \ ; \quad \underline{(Mm \cdot x)} \cdot \underline{(w \cdot x)} = (Lm \cdot x)^2 = Mm^4$$

$LmMm \quad xw \qquad\qquad LmMm\cdot \quad xw \quad\ xw \cdot \ xw$

$\to Lm^2 + 2LmMm + Mm^2 \ ; \quad Lm^4 + 2Lm^2 Mm^2 + Mm^4$

$= (Lm + Mm)^2 \qquad ; \qquad = (Lm^2 + Mm^2)^2 = (C_0^{\,2})^2 = C_0^{\,4}$

Spezialfall $Lm = Mm$:

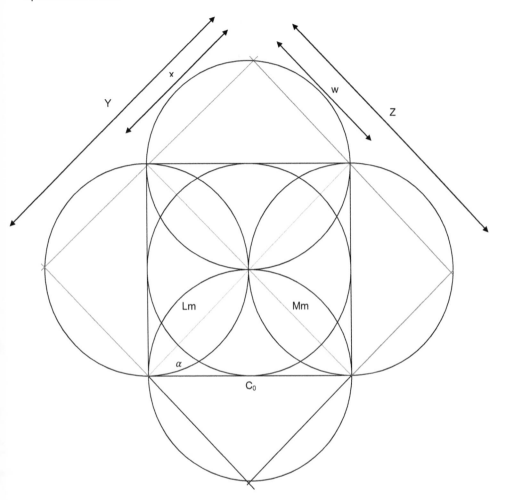

Es ergibt sich aus der unmittelbaren Anschauung:

- $Lm=Mm=w=x$ - $C_0{}^2 = 2(Lm^2; Mm^2; x \cdot w; x^2; w^2$
- $Y=Z= 2(Lm; Mm; x; w)$ - $Y \cdot Z = 2 \cdot C_0{}^2 \; resp.: Y \cdot Y = C_0{}^2 + C_0{}^2 \; oder \; Z \cdot Z = C_0{}^2 + C_0{}^2$

$$\rightarrow \frac{C_0{}^2}{Y \cdot Z} = \frac{Mm \cdot Lm}{C_0{}^2} = \frac{Mm}{C_0} \cdot \frac{Lm}{C_0} = \sin \alpha \cdot \cos \alpha = \frac{1}{\sqrt{2}} \cdot \frac{1}{\sqrt{2}}; \quad \frac{Mm^2}{C_0{}^2} = \sin^2 \alpha = \frac{lm^2}{C_0{}^2} = \cos^2 \alpha = \frac{1}{2}$$

$$\frac{Y}{x} + \frac{Z}{w} = \frac{Y}{x} \cdot \frac{Z}{w} \quad ; \quad \frac{Lm}{Mm} + \frac{Mm}{Lm} = \frac{C_0}{Mm} \cdot \frac{C_0}{Lm}$$

$$\frac{1}{\sin^2 \alpha} + \frac{1}{\cos^2 \alpha} = \frac{1}{\sin^2 \alpha} \cdot \frac{1}{\cos^2 \alpha} \quad ; \quad \frac{1}{\tan \alpha} + \frac{1}{\cot \alpha} = \frac{1}{\sin \alpha} \cdot \frac{1}{\cos \alpha}$$

$$2 + 2 = 2 \cdot 2 \quad ; \quad 1 + 1 = \sqrt{2} \cdot \sqrt{2}$$

1.3.2. Systematische Gesamtdarstellung aufbauend auf Satz A), B) und C):

1.3.2.1. Grundlagen

Gem. Satz A) ergibt sich im weiteren:

$$- \quad Lm \cdot Y = C_0^{\,2} \rightarrow \cos\alpha = \frac{Lm}{C_0} = \frac{C_0}{Y}$$

$$- \quad Mm \cdot Z = C_0^{\,2} \rightarrow \sin\alpha = \frac{Mm}{C_0} = \frac{C_0}{Z}$$

$$\rightarrow Lm \cdot Y = Mm \cdot Z \rightarrow \frac{Lm}{Mm} = \frac{Z}{Y} \; resp. \; \frac{Y}{Mm} = \frac{Z}{Lm}$$

Gem. Satz B) gilt:

$$w = \frac{Lm^2}{Mm}; \quad x = \frac{Mm^2}{Lm} \quad \rightarrow \quad \frac{w}{x} = \left(\frac{Lm}{Mm}\right)^3 = \left(\frac{Z}{Y}\right)^3$$

hieraus ergibt sich im weiteren:

$$- \quad Lm \cdot \left(\frac{Lm}{Mm}\right) = w \rightarrow \cot\alpha = \frac{Lm}{Mm} = \frac{w}{Lm}$$

$$- \quad Mm \cdot \left(\frac{Mm}{Lm}\right) = x \rightarrow \tan\alpha = \frac{Mm}{Lm} = \frac{x}{Mm}$$

$$\rightarrow \quad x \cdot w = Mm \cdot Lm$$

Gem. Satz A) und B) ergibt sich also:

$$\cot\alpha = \frac{Lm}{Mm} = \frac{\dfrac{Lm}{C_0}}{\dfrac{Mm}{C_0}} = \frac{\dfrac{C_0}{Y}}{\dfrac{C_0}{Z}} = \frac{Z}{Y} = \frac{\cos\alpha}{\sin\alpha}$$

$$\rightarrow Lm \cdot \left(\frac{Z}{Y}\right) = w \rightarrow Lm \cdot Z = Y \cdot w = \left(\frac{Lm}{Mm}\right) \cdot C_0^{\,2} = \left(\frac{Z}{Y}\right) \cdot C_0^{\,2}$$

$$resp.: \quad \frac{Lm}{Y} = \frac{w}{Z}$$

$$\tan\alpha = \frac{Mm}{Lm} = \frac{\dfrac{Mm}{C_0}}{\dfrac{Lm}{C_0}} = \frac{\dfrac{C_0}{Z}}{\dfrac{C_0}{Y}} = \frac{Y}{Z} = \frac{\sin\alpha}{\cos\alpha}$$

$$\rightarrow Mm \cdot \left(\frac{Y}{Z}\right) = x \rightarrow Mm \cdot Y = Z \cdot x = \left(\frac{Mm}{Lm}\right) \cdot C_0^{\,2} = \left(\frac{Y}{Z}\right) \cdot C_0^{\,2}$$

$$resp.: \quad \frac{Mm}{Z} = \frac{x}{Y}$$

$$\rightarrow (Lm \cdot Z) \cdot (Mm \cdot Y) = (Y \cdot w) \cdot (Z \cdot x) = \left(\left(\frac{Z}{Y} \right) \cdot C_0^{\,2} \right) \cdot \left(\left(\frac{Y}{Z} \right) \cdot C_0^{\,2} \right)$$

$\rightarrow$ *insbesondere:* $\quad \underline{(Y \cdot w) \cdot (Z \cdot x) = C_0^{\,4}}$

wie auch: $\quad \dfrac{Lm \cdot Z}{Mm \cdot Y} = \dfrac{Y \cdot w}{Z \cdot x} = \left(\dfrac{Z}{Y} \right)^2$

Gemäss Satz C) gilt:

$$Lm + x = Y; \quad Mm + w = Z$$

$$\rightarrow (Lm + x) \cdot (Mm + w) = YZ$$

Unter zusätzlicher Berücksichtigung von Satz B) ergibt sich hieraus:

a):
$$((Lm \cdot w) + (x \cdot w)) + ((Mm \cdot x) + (w \cdot x)) = YZ$$
$$= ((Lm + x) \cdot (w)) + ((Mm + w) \cdot (x)) = YZ$$

$$= \quad \underline{(Y \cdot w) + (Z \cdot x) = YZ}$$

Weiter ergibt sich aus Satz A), B) und C):

a):
$$((Lm \cdot w) + (x \cdot w)) + ((Mm \cdot x) + (w \cdot x)) = YZ$$

$$\rightarrow \left(\left(\frac{Lm}{Y} \cdot \frac{w}{Z} \right) + \left(\frac{x}{Y} \cdot \frac{w}{Z} \right) \right) + \left(\left(\frac{Mm}{Z} \cdot \frac{x}{Y} \right) + \left(\frac{w}{Z} \cdot \frac{x}{Y} \right) \right) = 1$$

gem. A) und B): $\quad = \left(\frac{Lm}{Y} \right)^2 + \left(\frac{Mm}{Z} \cdot \frac{Lm}{Y} \right) + \left(\frac{Mm}{Z} \right)^2 + \left(\frac{Lm}{Y} \cdot \frac{Mm}{Z} \right) = 1$

gem. A): $\quad = \left(\frac{Lm^2}{C_0^{\,2}} \right)^2 + 2 \cdot \left(\frac{Lm^2}{C_0^{\,2}} \cdot \frac{Mm^2}{C_0^{\,2}} \right) + \left(\frac{Mm^2}{C_0^{\,2}} \right)^2 = 1$

$$\rightarrow \quad \left(Lm^2 + Mm^2 \right)^2 \quad = C_0^{\,4}$$

$$\rightarrow \quad \underline{Lm^2 + Mm^2 \quad = C_0^{\,2}}$$

Weiterführend ergibt sich hieraus für die Relationen von Flächen:

aus:

$$(Mm \cdot w) \quad + \quad (Lm \cdot x) \quad = C_0{}^2$$
$$= \sqrt{(Lm \cdot w) \cdot (x \cdot w)} \;+\; \sqrt{(Mm \cdot x) \cdot (w \cdot x)} = C_0{}^2$$
$$= \quad Lm^2 \quad + \quad Mm^2 \quad = C_0{}^2$$

und aus :

$$(Y \cdot w) \quad \cdot \quad (Z \cdot x) \quad = C_0{}^4$$
$$= ((Lm \cdot w) + (x \cdot w)) \cdot ((Mm \cdot x) + (w \cdot x)) = C_0{}^4$$
$$= \left(C_0{}^2 \cdot \frac{Lm}{Mm} \right) \quad \cdot \quad \left(C_0{}^2 \cdot \frac{Mm}{Lm} \right) \quad = C_0{}^4$$

schliesslich :

$$\left(\frac{Mm \cdot w}{Y \cdot w} \right) \quad = \quad \left(\frac{Lm \cdot x}{Z \cdot x} \right) \quad = \frac{Lm \cdot Mm}{C_0{}^2} = \frac{C_0{}^2}{YZ}$$

resp.

$$\frac{Lm^2}{Y \cdot w} = \frac{Mm \cdot w}{Y \cdot w} = \frac{C_0{}^2}{YZ} = \frac{Lm \cdot x}{Z \cdot x} = \frac{Mm^2}{Z \cdot x}$$

und :

$$\sqrt{(Lm \cdot w) \cdot (x \cdot w)} \;+\; \sqrt{(Mm \cdot x) \cdot (w \cdot x)}$$
$$= \sqrt{(Lm \cdot w) + (x \cdot w)} \;\cdot\; \sqrt{(Mm \cdot x) + (w \cdot x)}$$

resp.

$$\sqrt{(Lm \cdot w) \cdot (x \cdot w)} \;+\; \sqrt{(Mm \cdot x) \cdot (w \cdot x)}$$
$$= \sqrt{((Lm \cdot w) + (x \cdot w)) \;\cdot\; ((Mm \cdot x) + (w \cdot x))}$$

Zusamenfassend ergibt sich für die Relationen von Strecken:

$$\frac{Y}{Mm} = \left(\frac{Y}{C_0} resp. \frac{C_0}{Lm} \right) \cdot \left(\frac{C_0}{Mm} resp. \frac{Z}{C_0} \right) = \frac{Z}{Lm}$$

$$\rightarrow \frac{Y}{Mm} \cdot \frac{Z}{Lm} = \frac{Y}{Lm} \cdot \frac{Z}{Mm} = \frac{Z}{w} \cdot \frac{Y}{x} = \left(\frac{Y}{C_0} \right)^2 \cdot \left(\frac{Z}{C_0} \right)^2 = \left(\frac{C_0}{Lm} \right)^2 \cdot \left(\frac{C_0}{Mm} \right)^2$$

1.3.2.2. Die zwei Formen mathematischer Unbestimmtheit

$$\left(\frac{Z \cdot Y}{Z \cdot x}\right) \quad + \quad \left(\frac{Y \cdot Z}{Y \cdot w}\right) \quad = \quad \left(\frac{Z \cdot Y}{Z \cdot x}\right) \cdot \left(\frac{Y \cdot Z}{Y \cdot w}\right)$$

Hieraus ergibt sich :

$$\rightarrow (Y \cdot w) \cdot (Z \cdot Y) \quad + \quad (Z \cdot x) \cdot (Y \cdot Z) \quad = \quad (Z \cdot Y) \quad \cdot \quad (Y \cdot Z)$$

gem. C) :

$$= (Y \cdot w)(Y \cdot w + Z \cdot x) + (Z \cdot x)(Z \cdot x + Y \cdot w) = \qquad Y^2 Z^2$$

$$= (Y \cdot w)^2 + 2(Y \cdot w)(Z \cdot x) + (Z \cdot x)^2 \quad = \qquad Y^2 Z^2$$

gem. A) und B) :

$$= \left(\frac{Z}{Y}\right)^2 \cdot C_0^{\ 4} + 2 \cdot C_0^{\ 4} + \left(\frac{Y}{Z}\right)^2 \cdot C_0^{\ 4} = \qquad Y^2 Z^2$$

$$\rightarrow \left(\frac{Z}{Y}\right)^2 + 2\left(\frac{Z}{Y} \cdot \frac{Y}{Z}\right) + \left(\frac{Y}{Z}\right)^2 = \qquad \left(\frac{Y}{C_0}\right)^2 \cdot \left(\frac{Z}{C_0}\right)^2$$

$$= \quad \left(\frac{Z}{Y} + \frac{Y}{Z}\right)^2 \qquad = \qquad \left(\frac{Y}{C_0}\right)^2 \cdot \left(\frac{Z}{C_0}\right)^2$$

$$\rightarrow \quad \frac{Z}{Y} + \frac{Y}{Z} \qquad = \qquad \frac{Y}{C_0} \cdot \frac{Z}{C_0}$$

$$= \text{Gl.1 :} \quad \underline{\cot \alpha \quad + \quad \tan \alpha \qquad = \qquad \frac{1}{\cos \alpha} \cdot \frac{1}{\sin \alpha}}$$

gem. A) und B):

$$= \quad \frac{\dfrac{Z}{C_0}}{\dfrac{Y}{C_0}} + \frac{\dfrac{Y}{C_0}}{\dfrac{Z}{C_0}} \qquad = \qquad \frac{Z}{C_0} \cdot \frac{Y}{C_0}$$

$$\rightarrow \quad \left(\frac{Z}{C_0}\right)^2 + \left(\frac{Y}{C_0}\right)^2 \qquad = \qquad \left(\frac{Z}{C_0}\right)^2 \cdot \left(\frac{Y}{C_0}\right)^2$$

Arithmetische Unbestimmtheit :

$= \text{Gl.2}:$
$$\frac{1}{\sin^2\alpha} + \frac{1}{\cos^2\alpha} = \frac{1}{\sin^2\alpha} \cdot \frac{1}{\cos^2\alpha}$$

Geometrische Unbestimmtheit :
(= operative Unbestimmtheit hinsichtlich linearer und quadratischer Grösse)

vgl.:

$$\frac{x}{Lm} = \frac{Y^2}{Z^2} = \tan^2\alpha \ ; \qquad \frac{w}{Mm} = \frac{Z^2}{Y^2} = \cot^2\alpha \ ;$$

$$\frac{Lm}{Y} = \frac{C_0^{\ 2}}{Y^2} = \cos^2\alpha \ ; \qquad \frac{Mm}{Z} = \frac{C_0^{\ 2}}{Z^2} = \sin^2\alpha \ ;$$

$\rightarrow$

$$1 = \frac{x}{Lm} \cdot \frac{w}{Mm} = \frac{Y^2}{Z^2} \cdot \frac{Z^2}{Y^2} = 1^2$$

$$1 = \frac{Lm}{Y} + \frac{Mm}{Z} = \frac{C_0^{\ 2}}{Y^2} + \frac{C_0^{\ 2}}{Z^2} = 1^2$$

$$1 = 1^2$$

2. Der Goldene Schnitt

2.1. Das fundamentale Entwicklungsgesetz

Allgemein gilt:

$$\frac{a+b}{a} = \frac{a}{b} = \Phi_{1;2} \qquad \rightarrow \Phi_1 = \frac{1-\sqrt{5}}{2}; \quad \Phi_2 = \frac{1+\sqrt{5}}{2}; \quad \Phi_1 + \Phi_2 = 1$$

Der Goldene Schnitt ergibt sich nun für:

a) $\dfrac{Y}{Lm} = \dfrac{Lm+x}{Lm} = \dfrac{Lm}{x}$ $\qquad \rightarrow x = \dfrac{Mm^2}{Lm} = \dfrac{Lm^2}{Y} \rightarrow \dfrac{Mm^2}{Lm^2} = \dfrac{Lm}{Y}$

$$\rightarrow \tan\alpha_1 = \cos\alpha_1 \qquad\qquad = \sqrt{\Phi_0}$$

$$\rightarrow \sin\alpha_1 = \cos^2\alpha_1 = 0 - \Phi_1 = \frac{1}{\Phi_2} = \Phi_0$$

$$\rightarrow \frac{C_0}{Z} = \frac{w}{Z} \rightarrow \underline{C_0 = w}$$

b) $\dfrac{Z}{Mm} = \dfrac{Mm+w}{Mm} = \dfrac{Mm}{w}$ $\qquad \rightarrow w = \dfrac{Lm^2}{Mm} = \dfrac{Mm^2}{Z} \rightarrow \dfrac{Lm^2}{Mm^2} = \dfrac{Mm}{Z}$

$$\rightarrow \cot\alpha_2 = \sin\alpha_2 \qquad\qquad = \sqrt{\Phi_0}$$

$$\rightarrow \cos\alpha_2 = \sin^2\alpha_2 = 0 - \Phi_1 = \frac{1}{\Phi_2} = \Phi_0$$

$$\rightarrow \frac{C_0}{Y} = \frac{x}{Y} \rightarrow \underline{C_0 = x}$$

$$\alpha_1 = 38{,}17°; \alpha_2 = 90° - \alpha_1 = 51{,}83°$$

Die konstante Relation Φ_0 kann sowohl als lineare wie auch als quadratische Grösse betrachtet werden→geometrische Unbestimmtheit.

Einige arithmetische Zusammenhänge für Φ_0:

$$\Phi_0 = \frac{\sqrt{5}}{2} - \frac{1}{2} = 0{,}618;$$

$$\Phi_0 + \Phi_0 = \sqrt{5} - 1;$$

$$\Phi_0 + \frac{1}{\Phi_0} = \sqrt{5};$$

$$\frac{1}{\Phi_0} = \frac{\sqrt{5}}{2} + \frac{1}{2} = 1{,}618$$

$$\frac{1}{\Phi_0} + \frac{1}{\Phi_0} = \sqrt{5} + 1$$

$$\frac{\Phi_0}{\frac{1}{\Phi_0}} = \Phi_0^2 = 1 - \Phi_0 = \frac{\sqrt{5}-1}{\sqrt{5}+1} = 0{,}381$$

$$\rightarrow \Phi_0 = \frac{1 - \Phi_0}{\Phi_0}$$

Einige arithmetische Zusammenhänge für $\Phi_0 ; \Phi_1$ und Φ_2 :

Additive Komplementarität:

$$\underline{\Phi_1 = 0 - \Phi_0} : \quad \Phi_0 + (\Phi_1) = \Phi_0 + (0 - \Phi_0) = 0$$

Multiplikative Komplementariät:

$$\underline{\Phi_2 = 1 \div \Phi_0} : \quad \Phi_0 \cdot (\Phi_2) = \Phi_0 \cdot \left(\frac{1}{\Phi_0} \right) = 1$$

Verknüpfung additiver und multiplikativer Komplementarität:

$$\Phi_1 = 0 - \frac{1}{\Phi_2} \text{ resp. } \Phi_2 = 0 - \frac{1}{\Phi_1} :$$

$$(\Phi_1) + (\Phi_2) = 1 \quad = \Phi_1 + \left(0 - \frac{1}{\Phi_1} \right) = 1 \rightarrow \Phi_1 = 1 - \Phi_2$$

$$= \Phi_2 + \left(0 - \frac{1}{\Phi_2} \right) = 1 \rightarrow \Phi_2 = 1 - \Phi_1$$

Φ_0 ist in sich selbst komplementär:

$$\Phi_0 = \frac{1}{\Phi_0} - 1 \ resp.: \ 1 = \frac{1}{\Phi_0} - \Phi_0 = \Phi_2 + \Phi_1$$

$$\rightarrow \Phi_2 = 1 + \Phi_0 \ ; \ \Phi_1 = 1 - \frac{1}{\Phi_0}$$

Identität linearer und quadratischer Komplementaritäten:

$$\Phi_0 = \frac{1}{\Phi_2} = 1 - \Phi_0^{\ 2} = 1 - \Phi_1^{\ 2} :$$

$$\Phi_0^{\ 2} + \left(1 - \Phi_1^{\ 2} \right) = 1$$

$$= \Phi_0^{\ 2} + \left(\frac{1}{\Phi_2} \right) = 1$$

$$= (1 - \Phi_0) + \Phi_0 = 1$$

Es soll nun die allgemeine Gesetzmässigkeit für sämtliche dieser Zusammenhänge entwickelt werden:

Ausgehend von Fall a) erhalten wir aus den Gleichungen für die arithmetische Unbestimmtheit:

Gl.1:

$$\tan \alpha + \cot \alpha = \frac{1}{\cos \alpha} \cdot \frac{1}{\sin \alpha};$$

$$\cos \alpha_1 + \frac{1}{\cos \alpha_1} = \frac{1}{\cos \alpha_1} \cdot \frac{1}{\cos^2 \alpha_1}$$

$$\to \cos^2 \alpha_1 + 1 = \frac{1}{\cos^2 \alpha_1}$$

$$= \Phi_0 + 1 = \frac{1}{\Phi_0}$$

$$= \underline{\Phi_2^{-1} + \Phi_2^{0} = \Phi_2^{1}}$$

Gl.2:

$$\frac{1}{\cos^2 \alpha} + \frac{1}{\sin^2 \alpha} = \frac{1}{\sin^2 \alpha} \cdot \frac{1}{\cos^2 \alpha}$$

$$\frac{1}{\sin \alpha_1} + \frac{1}{\sin^2 \alpha_1} = \frac{1}{\sin^2 \alpha_1} \cdot \frac{1}{\sin \alpha_1}$$

$$\to 1 + \frac{1}{\sin \alpha_1} = \frac{1}{\sin^2 \alpha_1}$$

$$= 1 + \frac{1}{\Phi_0} = \frac{1}{\Phi_0^{2}}$$

$$= \underline{\Phi_2^{0} + \Phi_2^{1} = \Phi_2^{2}}$$

Induktiv kann hieraus das fundamentale Entwicklungsgesetz abgeleitet werden, in welchem Addition, Multiplikation und Potenzen synthetisiert sind:

Gl.3: $$\underline{\Phi_2^{n+2} = \Phi_2^{n} + \Phi_2^{n+1}} \qquad (n \in Z)$$

Durch fortlaufende Summenzerlegung können Potenzen von „ Φ “ bis zur Potenz „1" redimensioniert werden, wobei die Binominalkoeffizienten als Faktoren auftreten (siehe Schema 1). Es verbleibt schliesslich ein Zahlenpaar (linearer Faktor von Φ und eine Zahl), bestehend aus Zahlen aus der Fibonacci-Folge:

GL.4: $$\underline{\Phi_{1;2}^{n+1} = F_{n+1} \cdot \left(\Phi_{1;2} \right) + F_n} \qquad (n \in N_0^{+})$$

Weiter ergibt sich hieraus:

$$\underline{F_{n+2} = F_n + F_{n+1}} \qquad (n \in N_0^{+})$$

Die Fibonaccizahlen nummerieren wir wie folgt:

$$F_0 = 0;\ F_1 = 1;\ F_2 = 1;\ F_3 = 2;\ F_4 = 3;\ F_5 = 5;\ F_6 = 8;\ F_7 = 13; \ldots\ldots$$

17

$$1,618 = \Phi_2 = \Phi_0^{-1} \longleftarrow \Phi_0 \longrightarrow -\Phi_0 = \Phi_1 = -0,618$$
$$= 0,618$$

2.2. Fundamentale additive Komplementarität

$$F_{n+1}(\Phi_2) = (F_{n+1}(\Phi_0) + F_{n+1}) \rightarrow \Phi_2^{\,n+1} = (\Phi_0^{-1})^{n+1} = \Phi_0^{-(n+1)} = (F_{n+1}(\Phi_2) + F_n)$$
$$= (F_{n+1}(\Phi_0) + F_{n+1}) + F_n$$
$$= F_{n+1}(\Phi_0) + F_{n+2}$$

$$\rightarrow \Phi_2^{\,n+1} + \Phi_1^{\,n+1} = (F_{n+1}(\Phi_2) + F_n) + (F_{n+1}(\Phi_1) + F_n)$$
$$= (F_{n+1}(\Phi_0) + F_{n+2}) + (-F_{n+1}(\Phi_0) + F_n)$$
$$= F_{n+2} + F_n$$

$\rightarrow$ *Lukaszahlen* :

$$\underline{L_{n+1} = F_{n+2} + F_n = \Phi_2^{\,n+1} + \Phi_1^{\,n+1}} \qquad (n \in N_0^{\,+})$$

$$L_{n+1} = F_{n+2} + F_n$$
$$L_{n+2} = F_{(n+2)+1} + F_{(n+2)-1} = F_{n+3} + F_{n+1}$$

$$L_{n+3} = F_{(n+3)+1} + F_{(n+3)-1} = F_{n+4} + F_{n+2}$$

$$L_{n+1} + L_{n+2} = (F_n + F_{n+1}) + (F_{n+2} + F_{n+3})$$
$$= \quad F_{n+2} \quad + \quad F_{n+4}$$

$$\underline{\underline{L_{n+3} = L_{n+1} + L_{n+2}}} \qquad (n \in N_0^{\,+})$$

$$\rightarrow \underline{L_{n+1} = L_{n+2} - L_n = F_{n+2} + F_n}$$

Die Lukaszahlen nummerieren wir wie folgt:

$$L_0 = 2; \; L_1 = 1; \; L_2 = 3; \; L_3 = 4; \; L_4 = 7; \; L_5 = 11; \; L_6 = 18; \ldots\ldots$$

Der komplementäre Unterschied zwischen „Zahlen" und „Gesetzen" ist in diesem gesetzmässigen, unendlichen Progress der Fibonacci- resp. Lukaszahlen letztlich synthetisiert.

18

2.3. Anhang zum Goldenen Schnitt

<u>Schema 1:</u>

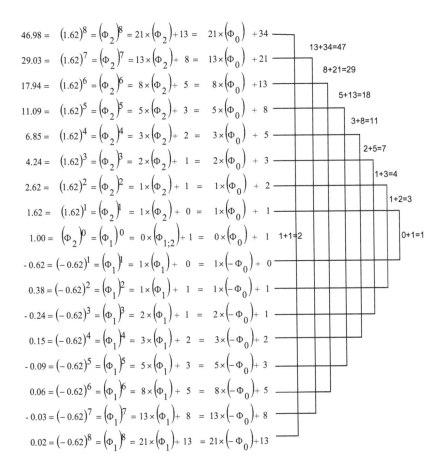

$$46.98 = (1.62)^8 = (\Phi_2)^8 = 21 \times (\Phi_2) + 13 = 21 \times (\Phi_0) + 34$$

$$29.03 = (1.62)^7 = (\Phi_2)^7 = 13 \times (\Phi_2) + 8 = 13 \times (\Phi_0) + 21$$

$$17.94 = (1.62)^6 = (\Phi_2)^6 = 8 \times (\Phi_2) + 5 = 8 \times (\Phi_0) + 13$$

$$11.09 = (1.62)^5 = (\Phi_2)^5 = 5 \times (\Phi_2) + 3 = 5 \times (\Phi_0) + 8$$

$$6.85 = (1.62)^4 = (\Phi_2)^4 = 3 \times (\Phi_2) + 2 = 3 \times (\Phi_0) + 5$$

$$4.24 = (1.62)^3 = (\Phi_2)^3 = 2 \times (\Phi_2) + 1 = 2 \times (\Phi_0) + 3$$

$$2.62 = (1.62)^2 = (\Phi_2)^2 = 1 \times (\Phi_2) + 1 = 1 \times (\Phi_0) + 2$$

$$1.62 = (1.62)^1 = (\Phi_2)^1 = 1 \times (\Phi_2) + 0 = 1 \times (\Phi_0) + 1$$

$$1.00 = (\Phi_2)^0 = (\Phi_1)^0 = 0 \times (\Phi_{1;2}) + 1 = 0 \times (\Phi_0) + 1$$

$$-0.62 = (-0.62)^1 = (\Phi_1)^1 = 1 \times (\Phi_1) + 0 = 1 \times (-\Phi_0) + 0$$

$$0.38 = (-0.62)^2 = (\Phi_1)^2 = 1 \times (\Phi_1) + 1 = 1 \times (-\Phi_0) + 1$$

$$-0.24 = (-0.62)^3 = (\Phi_1)^3 = 2 \times (\Phi_1) + 1 = 2 \times (-\Phi_0) + 1$$

$$0.15 = (-0.62)^4 = (\Phi_1)^4 = 3 \times (\Phi_1) + 2 = 3 \times (-\Phi_0) + 2$$

$$-0.09 = (-0.62)^5 = (\Phi_1)^5 = 5 \times (\Phi_1) + 3 = 5 \times (-\Phi_0) + 3$$

$$0.06 = (-0.62)^6 = (\Phi_1)^6 = 8 \times (\Phi_1) + 5 = 8 \times (-\Phi_0) + 5$$

$$-0.03 = (-0.62)^7 = (\Phi_1)^7 = 13 \times (\Phi_1) + 8 = 13 \times (-\Phi_0) + 8$$

$$0.02 = (-0.62)^8 = (\Phi_1)^8 = 21 \times (\Phi_1) + 13 = 21 \times (-\Phi_0) + 13$$

13+34=47

8+21=29

5+13=18

3+8=11

2+5=7

1+3=4

1+2=3

1+1=2

0+1=1

Schema 2:

$\Phi_2^{\,n}; F_n =$ $n =$			max. Grad Polynom:
1	1	1	0
2	1	1 1	1
3	2	1 2 1	2
4	3	1 3 3 1	3
5	5	1 4 6 4 1	4
6	8	1 5 10 10 5 1	5
7	13	1 6 15 20 15 6 1	6
8	21	1 7 21 35 35 21 7 1	7
9	34	1 8 28 56 70 56 28 8 1	8
10	55	1 9 36 84 126 126 84 36 9 1	9

Schema 3

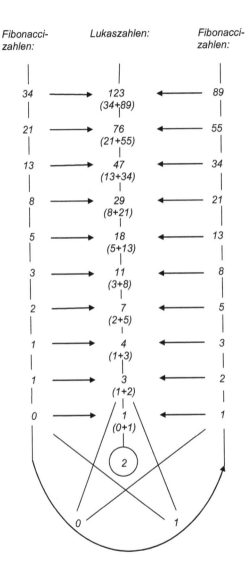

3. Darstellung von Φ^k als Relation aus Fibonacci- und Lukaszahlen

3.1. „L_0" im gleichschenklig rechtwinkligen Dreieck

In Figur 4, gleichschenklig rechtwinkliges Dreieck (vgl. Lm=Mm), ist

$$L_0 = 2 = (\Phi_2)^0 + (\Phi_1)^0$$

der zentrale Zahlenwert:

$$\frac{Y}{Lm} = \frac{Y^2}{C_0^2} = \frac{Z}{Mm} = \frac{Z^2}{C_0^2} = \frac{Y \cdot Z}{C_0^2} = \frac{C_0^2}{Lm \cdot Mm}$$

$$= \frac{1}{\cos \alpha_0} \cdot \frac{1}{\sin \alpha_0} = \left(\frac{1}{\cos \alpha_0}\right)^2 = \left(\frac{1}{\sin \alpha_0}\right)^2 = 2$$

$$\rightarrow \underline{\cos^2 \alpha_0 = \sin^2 \alpha_0}$$

$$\rightarrow \frac{C_0}{Lm} = \frac{C_0}{Mm} = \frac{1}{\cos \alpha_0} = \frac{1}{\sin \alpha_0} = \sqrt{2}$$

$$\rightarrow \underline{\cos \alpha_0 = \sin \alpha_0}$$

$$(\alpha_0 = 45°)$$

weiter ergibt sich für Lm=Mm:

$$\frac{Lm}{x} = \frac{Z^2}{Y^2} = \frac{Mm}{w} = \frac{Y^2}{Z^2} = \frac{Lm \cdot Mm}{x \cdot w} = \frac{Z \cdot Y}{Y \cdot Z}$$

$$= \cot^2 \alpha_o = \tan^2 \alpha_0 = \cot \alpha_o \cdot \tan \alpha_o = 1^2 = \cot \alpha_o = \tan \alpha_o = 1$$

es folgt somit:

$$\frac{\dfrac{Z}{Mm}}{\dfrac{Mm}{w}} = \frac{\dfrac{Y}{Lm}}{\dfrac{Lm}{x}} = \frac{\dfrac{Z}{Mm} + \dfrac{Y}{Lm}}{\dfrac{Mm}{w} + \dfrac{Lm}{x}} = \frac{\dfrac{1}{\sin^2 \alpha_0} + \dfrac{1}{\cos^2 \alpha_0}}{\tan \alpha_0 + \cot \alpha_0} = 2$$

3.2. „L_0" und arithmetische Unbestimmtheit

„$L_0=2$", die basale Zahl der Lukaszahlen, können wir als einzige Lukaszahl nicht unmittelbar aus den Fibonaccizahlen herleiten.
Sie ergibt sich aus den Gleichungen für die arithmetische Unbestimmtheit wie folgt:

Gl.1:

$$\tan\alpha + \cot\alpha = \frac{1}{\cos\alpha} \cdot \frac{1}{\sin\alpha}$$

Gl.2:

$$\frac{1}{\cos^2\alpha} + \frac{1}{\sin^2\alpha} = \frac{1}{\cos^2\alpha} \cdot \frac{1}{\sin^2\alpha}$$

$\rightarrow$

$$(\tan\alpha + \cot\alpha)^2 = \frac{1}{\cos^2\alpha} \cdot \frac{1}{\sin^2\alpha}$$

$\rightarrow$

$$\left(\cos\alpha_1 + \frac{1}{\cos\alpha_1}\right)^2 = \frac{1}{\cos^6\alpha_1}$$

$\rightarrow$

$$2 = \frac{1}{\cos^6\alpha_1} - \cos^2\alpha_1 - \frac{1}{\cos^2\alpha_1}$$

$\rightarrow$ a)

$$L_0 = 2 = \Phi_2^{\;3} - \Phi_2^{\;1} - \Phi_2^{\;-1}$$

3.3. Identität von „rationalen" und irrationalen Relationen

Für Zahlenfolgen mit „$Z_{n+2} = Z_{n+1} + Z_n$" gilt:

$$2 = \frac{2 \cdot Z_{n+2}}{Z_{n+2}} = \frac{(Z_{n+3} - Z_{n+1}) + Z_{n+2}}{Z_{n+2}} = \frac{Z_{n+4} - Z_{n+1}}{Z_{n+2}} = \frac{Z_{n+5} - Z_{n+3} - Z_{n+1}}{Z_{n+2}}$$

Somit ergibt sich für die Fibonacci und Lukaszahlen:

b)

$$L_0 = 2 = \frac{F; L_{n+5}}{F; L_{n+2}} - \frac{F; L_{n+3}}{F; L_{n+2}} - \frac{F; L_{n+1}}{F; L_{n+2}}$$

23

Aus a) und b) ergibt sich nun der folgende Zusammenhang:

$$2 = \underbrace{\frac{F;L_{n+5}}{F;L_{n+2}}}_{} - \underbrace{\frac{F;L_{n+3}}{F;L_{n+2}}}_{} - \underbrace{\frac{F;L_{n+1}}{F;L_{n+2}}}_{}$$

$$= \Phi_2^{\ 3} - \Phi_2^{\ 1} - \Phi_2^{\ -1}$$

(gilt für n $\rightarrow \infty$)

Allgemein ergibt sich hieraus für n $\rightarrow \infty$:

$$\text{Gl.5}: \quad \lim_{n \to \infty} \frac{F;L_{n+k}}{F;L_n} = \Phi_2^{\ k} \quad (k \in N^{+;-}; n+k \in N^+)$$

Zur Erzeugung von „L_0" aus den Fibonacci- und Lukaszahlen ergeben sich somit folgende drei basalen Möglichkeiten:

$n \rightarrow \infty$:

$$2 = \left(\frac{F;L_{n+5}}{F:L_{n+2}}\right) - \left(\frac{F;L_{n+3} + F;L_{n+1}}{F;L_{n+2}}\right) = \left(\frac{F;L_{n+4}}{F:L_{n+2}}\right) - \left(\frac{F;L_{n+1}}{F:L_{n+2}}\right) = \left(\frac{F;L_{n+3}}{F:L_{n+2}}\right) + \left(\frac{F;L_n}{F:L_{n+2}}\right)$$

$$= \left(\Phi_2^{\ 3}\right) - \left(\Phi_2^{\ 1} + \Phi_2^{\ -1}\right) = \left(\Phi_2^{\ 2}\right) - \left(\Phi_2^{\ -1}\right) = \left(\Phi_2^{\ 1}\right) + \left(\Phi_2^{\ -2}\right)$$

$$= \left(\sqrt{5} + 2\right) - \left(\sqrt{5}\right) = \left(\frac{\sqrt{5}+3}{2}\right) - \left(\frac{\sqrt{5}-1}{2}\right) = \left(\frac{\sqrt{5}+1}{2}\right) + \left(\frac{3-\sqrt{5}}{2}\right)$$

(Mittels der Summandenzerlegung (Gl. 3) können hieraus beliebig viele weitere Varianten zur Erzeugung von „L_0=2" gefunden werden.)

Gem. Gl.4. gilt:

$$\Phi_2^{\ k} = F_k\left(\Phi_2^{\ 1}\right) + F_{k-1} \quad (k \geq 1)$$

Unter Berücksichtigung von Gl.5 ergibt sich hieraus für n$\rightarrow \infty$:

$$\Phi_2^{\ k} = \frac{F_{n+k}}{F_n} = F_k\left(\frac{F_{n+1}}{F_n}\right) + F_{k-1}$$

$\rightarrow$

$$\text{Gl.6}: \quad F_{n+k} = F_k F_{n+1} + F_{k-1} F_n$$

$$\left(\rightarrow \text{für } k = n+1 : F_{2n+1} = F_{n+1}^{\ 2} + F_n^{\ 2}\right)$$

4. Fundamentale multiplikative Komplementarität

Der Goldene Schnitt, wie wir diesen in Kap. 2 darstellten, entspricht einer inhaltlichen Synthese von arithmetischer- und geometrischer Unbestimmtheit, welche man, wie wir in Kap. 1 zu zeigen versuchten, als Grundlage der Satzgruppe des Pythagoras interpretieren kann.

In formaler Hinsicht nun können die am Ende von Kapitel 1 zusammengefassten Bezüge, auf folgende zwei Darstellungsmöglichkeiten aufgehobener Komplementarität reduziert werden:

$$A \cdot \frac{1}{A} = 1 \qquad \text{und} \qquad \underline{B \qquad = \qquad B}$$

$$(\tan\alpha \cdot \cot\alpha = 1) \qquad \text{und} \qquad \left(\frac{1}{\sin^2\alpha} + \frac{1}{\cos^2\alpha} = \frac{1}{\sin^2\alpha} \cdot \frac{1}{\cos^2\alpha} \right)$$

Diese zwei unterschiedlichen, formalen Darstellungsmöglichkeiten aufgehobener Komplementarität sind nun durch die in Kap. 3 dargestellte Gleichung (Gl.5), wie wir im Folgenden zeigen möchten, ebenfalls synthetisiert.

Fundamentale multiplikative Komplementarität:

$$\frac{F;L_n}{F;L_{n+k}} \cdot \frac{F;L_{n+k}}{F;L_n} = \Phi_2{}^k \cdot \Phi_0{}^k = \Phi_2{}^k \cdot \Phi_2{}^{-k} = 1$$

$$\text{Gl. 7:} \qquad \rightarrow \Phi_2{}^k = \left(\underbrace{\frac{F;L_n}{F;L_{n+k}} \cdot \Phi_2{}^k}_{=1 \ für \ n \rightarrow \infty} \right) \cdot \frac{F;L_{n+k}}{F;L_n}$$

Ingram Content Group UK Ltd.
Milton Keynes UK
UKHW011836040423
419625UK00004B/403